目　次

前言 ……………………………………………………………………………………………………… Ⅲ
引言 ……………………………………………………………………………………………………… Ⅴ
1　范围 …………………………………………………………………………………………………… 1
2　规范性引用文件 ……………………………………………………………………………………… 1
3　术语和定义 …………………………………………………………………………………………… 1
4　基本规定 ……………………………………………………………………………………………… 2
5　施工准备 ……………………………………………………………………………………………… 3
　　5.1　技术准备 ……………………………………………………………………………………… 3
　　5.2　现场准备 ……………………………………………………………………………………… 3
　　5.3　工程测量 ……………………………………………………………………………………… 3
6　土体压脚工程 ………………………………………………………………………………………… 3
　　6.1　一般规定 ……………………………………………………………………………………… 3
　　6.2　机械及设备 …………………………………………………………………………………… 4
　　6.3　工程施工 ……………………………………………………………………………………… 4
7　石笼压脚工程 ………………………………………………………………………………………… 5
　　7.1　一般规定 ……………………………………………………………………………………… 5
　　7.2　机械及设备 …………………………………………………………………………………… 5
　　7.3　工程施工 ……………………………………………………………………………………… 6
8　水下抛石压脚工程 …………………………………………………………………………………… 7
　　8.1　一般规定 ……………………………………………………………………………………… 7
　　8.2　机械及设备 …………………………………………………………………………………… 7
　　8.3　工程施工 ……………………………………………………………………………………… 7
9　其他工程 ……………………………………………………………………………………………… 8
10　质量检验与工程验收 ………………………………………………………………………………… 8
　　10.1　质量检验 ……………………………………………………………………………………… 8
　　10.2　工程验收 ……………………………………………………………………………………… 9
11　工程施工监测 ………………………………………………………………………………………… 10
12　施工安全与环境保护 ………………………………………………………………………………… 10
　　12.1　施工安全 ……………………………………………………………………………………… 10
　　12.2　环境保护 ……………………………………………………………………………………… 11
附录 A（资料性附录）　击实试验 ……………………………………………………………………… 12
附录 B（资料性附录）　碾压试验 ……………………………………………………………………… 15
附录 C（资料性附录）　抛投试验 ……………………………………………………………………… 17

前　言

本规程按照 GB/T 1.1—2009《标准化工作导则　第 1 部分：标准的结构和编写》给出的规则起草。

本规程附录 A、B、C 均为资料性附录。

本规程由中国地质灾害防治工程行业协会提出并归口。

本规程起草单位：湖北省水文地质工程地质勘察院。

本规程参编单位：中国电力工程顾问集团中南电力设计院、湖北省鄂西地质工程勘察院。

本规程主要起草人：彭正华、江亚鸣、赵德君、陈海波、苏昌、宁国民、李智民、余荣华、李庆喜、叶静风、肖春锦、刘波、刘云彪、郑长斌、张元冬、莫永清、李业、陶海川、王国强、袁琴、左丽敏、陈江军、李宣。

本规程由中国地质灾害防治工程行业协会负责解释。

引 言

根据2013年12月中国地质灾害防治工程行业协会下发《关于印发地质灾害防治行业标准规范编制组织实施方案的函》(中地灾防协函[2013]20号)的要求,由湖北省国土资源厅和湖北省地质局牵头,湖北省水文地质工程地质勘察院作为主编单位,会同中国电力工程顾问集团中南电力设计院、湖北省鄂西地质工程勘察院组成编制组,经过广泛调查研究,认真总结滑坡回填压脚治理工程的实践经验和国内外先进标准,在广泛征求意见的基础上,制定本规程。

本规程包括12个部分:范围、规范性引用文件、术语和定义、基本规定、施工准备、土体压脚工程、石笼压脚工程、水下抛石压脚工程、其他工程、质量检验与工程验收、工程施工监测、施工安全与环境保护。

滑坡防治回填压脚治理工程施工技术规程(试行)

1 范围

本规程规定了回填压脚施工技术方法、施工质量检验与验收、施工安全与环境保护等要求。

本规程适用于滑坡回填压脚工程施工,规定了不同材料、水上及水下回填压脚工程施工技术的相关内容。

2 规范性引用文件

下列文件对于本规程的应用是必不可少的。凡是注日期的引用文件,仅所注日期的版本适用于本规程,凡是未注日期的引用文件,其最新版本(包括所有的修改单)适用于本规程。

GB 3095—2012　环境空气质量标准
GB 3096—2008　声环境质量标准
GB 50202　建筑地基基础工程施工质量验收规范
GB 50010—2010　混凝土结构设计规范
GB 50300—2013　建筑工程施工质量验收统一标准
GB 50330　建筑边坡工程技术规范
GB/T 700　碳素结构钢
GB/T 15393　钢丝镀锌层
GB/T 50290—2014　土工合成材料应用技术规范
DZ/T 0219　滑坡防治工程设计与施工技术规范
DZ/T 0221—2006　崩塌、滑坡、泥石流监测规范
JGJ 46　施工现场临时用电安全技术规范
SL 260—2014　堤防工程施工规范
YB/T 4190　工程用机编钢丝及组合体
YB/T 5294　一般用途低碳钢丝

3 术语和定义

下列术语和定义适用于本规程。

3.1

回填压脚 backfill at the foot

通过在坡脚堆填土石等材料,以增加坡体整体稳定的一种工程治理技术。

3.2

土体压脚 backfill soil toe weight

在滑坡(崩滑等)下部(剪出口或阻滑段)通过土体堆填压密,增强滑坡(崩滑等)的抗滑能力,提

高其稳定性的工程措施。

3.3
石笼压脚 stone cage toe weight

在滑坡（崩滑等）下部（剪出口或阻滑段）通过石笼堆砌压脚,增强滑坡（崩滑等）的抗滑能力,提高其稳定性的工程措施。

3.4
抛石压脚 rubble-mound toe weight

在滑坡（崩滑等）下部（剪出口或阻滑段）水淹没区域通过抛投块石等材料堆填压脚,增强滑坡（崩滑等）的抗滑能力,提高其稳定性的工程措施。

3.5
分层回填 layered backfill

按照规定厚度,分期依次回填的施工方法。

3.6
碾压控制 roller compaction control

使碾压机具、碾压层厚度、碾压次数以及碾压密实度符合相应要求的管理措施。

3.7
水下测量 underwater measurement

采用测量技术对压脚区水下地形进行测量的方法。

3.8
抛投试验 dumping test

用流速仪和回声仪测量抛投区的水流流速和水深,并对试抛块称重,量测出石块的落距,点绘相关曲线,推算相关参数的试验。

3.9
抛投定位 dumping positioning

采用全球定位系统,建立水中浮标,埋设坚固的地锚,用以锚固船体的方法。

4 基本规定

4.1 施工前应编制施工组织设计,并对施工技术、施工工艺及要求进行设计交底。

4.2 施工前应编制施工组织设计,主要是规划施工场地和施工道路,确定材料来源和计划使用量,确定施工工艺流程,做好各项准备和提出施工过程控制技术措施;制订检测和试验计划,并应经监理单位批准后实施。

4.3 施工过程中应加强对滑坡（崩滑等）及周边环境的监测,并根据稳定性变化情况及时调整施工进度。

4.4 施工中采用的新技术、新工艺、新材料、新设备,应按有关规定进行试验、鉴定及评审、备案;施工前应对新的或首次采用的施工工艺进行评价,制订专门的施工方案,并经监理单位核准。

4.5 在前一道工序质量检查合格后方可进行下一道工序施工,应做好隐蔽工程记录与地质编录,留存图像、影像资料。

4.6 施工使用的材料、产品、半成品和设备,应符合国家现行有关标准的规定;对于首次使用的新材料、新产品应在现场进行相应的试验。

4.7 原材料、半成品和成品进场时,应对其规格、型号、外观和质量证明文件进行检查,并应按现行国家标准的有关规定进行检验。

4.8 材料进场后,应按种类、规格、批次分开贮存与堆放,且不应影响坡体稳定。

5 施工准备

5.1 技术准备

5.1.1 应收集当地水文气象、地表径流、地下管网设施等资料。

5.1.2 应进行现场踏勘,熟悉施工场地条件、填筑用的土石料场条件、地质环境条件及治理工程的范围。

5.1.3 施工前应进行击实试验(附录A)、碾压试验(附录B),确定填料含水量控制范围、铺土厚度、夯实或碾压遍数等参数;通过抛投试验(附录C)确定抛石重量、冲距等参数。

5.1.4 应在熟悉勘查、设计文件、施工场地条件的基础上编制施工组织设计。

5.1.5 采用新工艺、新方法施工时,应进行施工工艺试验,确定施工方法及质量控制要点。

5.2 现场准备

5.2.1 应按现场平面布置图的要求规划施工现场布置和临时设施建设。

5.2.2 应做好各项技术准备及"四通一平"工作。

5.2.3 应按施工组织设计总平面布置图进行供水、供电、临建设施和填筑材料堆场等的布置。

5.2.4 施工用电应进行设备总需容量计算,变压器容量应满足施工用电负荷要求。施工用电的布置执行《施工现场临时用电安全技术规范》(JGJ 46)的规定,应有备用电源。

5.2.5 施工用水的水质水量应满足设计及相关规范要求。

5.2.6 施工道路应充分利用现有道路,道路的宽度、坡度、转弯半径等必须满足施工车辆行驶要求,必要时进行加宽、加固处理。

5.2.7 施工机械设备性能应满足施工要求,应做好施工设备安装、调试等准备工作。

5.3 工程测量

5.3.1 对移交控制点进行复核测量。

5.3.2 应根据填筑区现场情况制订测量方案,并报监理工程师审核。

5.3.3 水下抛石压脚施工前应进行水下测量,包括地形和剖面测量。

6 土体压脚工程

6.1 一般规定

6.1.1 淤泥、淤泥质土、有机质高液限黏性土、软土、冻土、膨胀土等不宜作为回填压脚材料。

6.1.2 粗粒土粒径、级配、最大干密度均应满足设计要求,含泥量应满足设计要求,有机含量应不大于5%;当掺入碎石或卵石时,掺量要符合设计要求。

6.1.3 回填土料应尽量采用同类土回填,当采用性质不同的土回填时应按土类水平分层、分段铺填,宜将透水性较大的土层置于透水性较小的土层之下,并分层压实;同一水平层应采用同一填料,不得混合填筑,应分别进行碾压试验。

6.1.4 回填压脚横向接坡坡度应满足设计要求。

6.1.5 回填压脚施工工序应为基底清理、检验土质、分层铺填、分层碾压、检验密实度、修整找平验收。基底高程、宽度、承载力应满足设计要求；回填土的种类、粒径、含水量、杂质含量应满足设计及规范要求；分层铺填的方式、厚度、碾压机具、碾压方法、碾压遍数应该满足设计及规范要求；每层回填土进行密实度检测，达到设计要求后方可进行上一层铺填；回填施工全部结束后，表面修整找平，并满足设计要求。

6.1.6 当回填压脚区存在洞穴、塘等软硬不均部位时，应按设计要求进行处理，并满足相关规定。

6.1.7 应分析施工过程中填方、振动、挤压对边坡的稳定及周边环境的不利影响，并采取相应的防范措施。

6.1.8 回填材料为细粒类土时，最优含水量和最大干密度满足设计要求；为粗粒类土时，颗粒级配良好，最大粒径不宜大于 50 mm，含泥量不应大于 5%，采用细砂时应掺入碎石和卵石，掺量应符合设计要求；为巨砾混合土时，粒径不大于分层铺土厚度的 2/3，并满足设计要求；为土工合成材料时，应满足《土工合成材料应用技术规范》(GB/T 50290—2014)的相关要求。

6.1.9 地面坡率缓于 1∶5 时，应清除地表杂物后在天然地面上填筑；地面坡率为 1∶5～1∶2.5 时，应对原地面进行处理，并符合设计要求。

6.1.10 应根据施工场地环境条件合理安排施工计划。

6.2 机械及设备

6.2.1 机械及设备应有出厂合格证书。必须按照出厂使用说明书规定的技术性能、承载能力和使用条件等要求操作，严禁超载作业或任意扩大使用范围。

6.2.2 机械及设备应按有关规定要求进行测试和试运转。

6.2.3 机械设备应定期进行维修保养，严禁带故障作业。

6.3 工程施工

6.3.1 含水量控制

a) 细粒类土。在夯实（碾压）前应先进行击实试验（附录A）、碾压试验（附录B），以得到符合密实度要求条件下的最优含水量与最少夯实（碾压）遍数。细粒土最优含水量和最大干密度参见表1。黏性土施工含水量与最优含水量之差应控制在 ±2% 以内。

表1 细粒类土的最优含水量和最大干密度参考值

分类	变动范围	
	最优含水量/%（质量比）	最大干密度/t·m^{-3}
黏土	19～23	1.58～1.70
粉质黏土	12～15	1.85～1.95
粉土	16～22	1.61～1.80

b) 粗粒类土。粗粒土含水量应满足设计要求，通过碾压试验（附录B）确定压实度与干密度。采用碎石土回填时应满足《滑坡防治工程设计与施工技术规范》(DZ/T 0219)的相关规定。

c) 巨粒混合土。巨粒混合土由于物质成分、粒径差距大，应由碾压试验确定最优含水量。

6.3.2 分层回填与压实

a) 人工分层回填夯实。适用于机械施工局部不能到位或有特殊要求的部位，人工夯实分层厚度不宜大于 200 mm，用打夯机夯实时宜控制在 200 mm 以内。每层应夯实 3～4 遍。

b) 机械分层回填与碾压。包括平碾、羊足碾、振动碾、履带式推土机、铲运机及加载气胎碾等，分层铺土厚度和压实遍数参考值详见表 2。

分段施工时采用斜坡搭接，每层搭接位置应错开 0.5 m～1.0 m，搭接处应振压密实；基底存在软弱土层时应在与土面接触处先铺一层 150 mm～300 mm 细砂层或土工织物；分层施工时，下层经压实系数检验合格后方可进行上一层施工。

表 2 分层厚度与压实遍数参考值

压实机具	每层铺土厚度/mm	每层压实遍数
平碾(8 t～12 t)	200～300	6～8
羊足碾(5 t～16 t)	200～350	8～16
振动碾(8 t～15 t)	300～500	6～8
履带式推土机	200～300	6～8
铲运机	250～300	8～16
加载气胎碾	250～400	6～8

7 石笼压脚工程

7.1 一般规定

7.1.1 水上、水下回填压脚均适用。

7.1.2 应按设计要求削坡并平整铺设面，坡面或基底面应平整、密实、无杂质。

7.1.3 严禁将钢筋、石料等堆放在坡体前缘或下滑区段。

7.1.4 石笼压脚施工工序为基底清理、石笼制作、石笼安装、石料填充、整平验收。基底高程、宽度、承载力应满足设计要求；石笼制作原材料、规格、制作方式应满足设计及相关规范要求；石笼的垒砌、笼间连接应满足设计要求；填充石料的规格、材质、容重、分层厚度等应满足设计要求。

7.1.5 地基土质较差时(如流沙、淤泥等)，应先对地基进行处理，处理后的地基承载力必须满足设计要求。

7.1.6 当石笼位于消落带或水下时，施工宜在枯水期或水库低水位期进行。

7.1.7 石笼骨架筋材应满足相关规范要求。

7.2 机械及设备

7.2.1 机械及设备应有出厂合格证书，严禁超载作业或任意扩大使用范围，严禁带故障作业。

7.2.2 机械及设备的型号、规格、技术性能应根据施工进度和强度合理安排与调配。

7.3 工程施工

7.3.1 石笼制作

a) 钢筋石笼制作。应严格按照图纸计算各细部尺寸,严格按照施工图下料表进行加工成型,钢筋加工、绑扎、焊接等应满足《混凝土结构设计规范》(GB 50010—2010)的要求,受力筋制作和末端的弯钩形状应满足表3的规定。

表3 受力筋制作与末端弯钩表

弯曲部位	弯曲角度/(°)	钢筋种类	弯曲直径 D		平直部分长度	备注
末端弯钩	180	HPB300		$\geqslant 2.5d$	$\geqslant 3d$	d 为钢筋直径
	135	HRB335	⌀ 8~25	$\geqslant 4d$	$\geqslant 10d$	
		HRB400	⌀ 8~25	$\geqslant 4d$		
	90	HRB335	⌀ 8~25	$\geqslant 4d$	$\geqslant 10d$	
		HRB400	⌀ 28~40	$\geqslant 5d$		
中间弯钩	<90	各类		$\geqslant 20d$		

b) 低碳钢丝石笼制作。钢丝石笼必须为由专用机械纺织成的热镀锌低碳钢丝格宾网片组装而成,确保稳固性和抗拉性。钢丝石笼网片的抗压、抗剪强度及有关力学指标、耐腐蚀性必须达到设计要求,钢丝的力学性能必须符合《工程用机编钢丝及组合体》(YB/T 4190)《一般用途低碳钢丝》(YB/T 5294)的规定。

c) 钢丝绳网石笼制作。由高抗腐蚀、高强度、具有延展性的钢丝使用机械编织而成,由机械将双线绞合编织成多绞状、六边形网目的绳网,钢丝的力学性能必须符合 YB/T 4190、YB/T 5294 的规定。

d) 竹编石笼制作。竹笼网箱的材料为天然毛竹及铁丝,由专业人员编制组装而成。竹网片的抗压、抗剪强度及有关力学指标、耐腐蚀性必须达到设计要求。

7.3.2 石笼安装

a) 平整要求。同一层面砌筑应基本平整,相邻石笼高差应满足设计要求。

b) 稳定要求。石笼安装必须自身稳定,表面应以人工或机械砌垒整平。

c) 连接要求。上下左右绑扎锚固连接应可靠、自然,满足设计要求,中间宜加2根"8"字形的拉结绑丝。

d) 错缝要求。同一砌筑层内,相邻石笼应错缝砌筑,不得存在顺向通缝。上下相邻石笼也应错缝搭接,避免竖向通缝。

e) 网箱封盖。封盖必须在顶部石料砌垒平整的基础上进行;必须先使用封盖夹固定每端相邻结点后,再加以绑扎;封盖与网箱边框相交线,应每相隔 250 mm 绑扎一道。

f) 石材填充应满足下列要求:

1) 石笼内填充的石料规格、材质必须符合设计要求,石料必须是坚硬、弱风化的岩石,严禁使用风化石。

2) 必须同时均匀地向同层的各箱格内投料,严禁将单格石笼一次性投满。

3) 每层石笼分次投料,每次的厚度宜控制在300 mm左右。
4) 顶面填充石料宜略高出石笼,且必须密实,空隙处宜以小碎石填塞。
5) 填充材料容重应满足设计要求。
6) 每层填充石料表面应以人工或机械砌垒整平,石料间应相互搭接。

8 水下抛石压脚工程

8.1 一般规定

8.1.1 抛石压脚的石料形态、大小和质量应符合设计要求。

8.1.2 块石应采用石质坚硬,遇水不易破碎或水解,软化系数大于0.7的石料,块石直径应满足设计要求。

8.1.3 抛石压脚宜在枯水期进行,必须在高水位进行抛投时应采取相应的稳石措施。

8.1.4 抛石前,应测量抛投区的水深、流速、断面形状等。

8.1.5 应通过抛投试验(附录C)确定抛石各项参数。

8.1.6 抛石压脚施工工序为水下测量、抛投试验、抛石、坡面平整。水下测量包括地形图、剖面,应及时整理、校核。由抛投试验计算抛石大小、抛石冲距、抛投强度,通过试抛对计算的抛投参数进行修正。由抛投区的实测流速、水深推算出抛投船的抛投位置,抛石以后应加密测量,直至达到设计高程。对超出设计高程部分应进行整平,并满足设计要求。

8.1.7 船上抛石应准确定位,自下而上逐层抛投,并及时探测水下抛石坡度、厚度。

8.1.8 水深流急时,应先用较大石块在护脚部位下游侧先抛投形成石埂,然后再逐次向上游侧抛投。

8.2 机械及设备

8.2.1 机械及设备应有出厂合格证书,严禁超载作业或任意扩大使用范围。

8.2.2 机械及设备的型号、规格、技术性能应根据施工进度和强度合理安排与调配。

8.2.3 机械设备应定期进行维修保养,严禁带故障作业。

8.3 工程施工

8.3.1 施工小区(网格)划分

水下抛石施工的关键是合理划分施工小区(网格),根据设计图纸中每个抛区的厚度以及抛前水下地形测量结果,计算出每个网格应抛石数量,编制施工网格图。

8.3.2 测量、放线

抛石压脚前应在抛投区对应的岸上设立标志,确定施工位置。

8.3.3 位船定位

锚具的选用、抛锚顺序应符合设计及相关要求,定位船抛锚定位应准确无误。

8.3.4 抛投块石

定位船定位结束后,可在定位船下舷边挂吊装石船进行施工,抛石应均匀;施工中应遵循"先上游后下游,先深泓后近岸"的施工顺序依次投抛。

9 其他工程

与回填压脚工程配套的护坡、排水、护脚等其他工程应参照现行相关规范(规程)执行。

10 质量检验与工程验收

10.1 质量检验

10.1.1 土体压脚工程

土体压脚结束后应检查高程、范围、压实度、表面平整度等,质量检验标准参见表4。

a) 回填高程及范围应满足设计要求,误差应在允许范围内。

b) 回填土密实度应满足设计及规范要求,无黏性粗粒土常用相对压实度进行检验,砂砾石作为回填材料时其相对密度不应低于0.75,砂的相对密度不应低于0.70。

表4 土体压脚质量检验标准表

项目	序号	检查项目	允许偏差		检查方法
			人工	机械	
主控项目	1	高程/mm	±30	±50	用水准仪测
	2	范围/mm	±50	±100	用全站仪测
	3	压实度	设计要求	设计要求	抽样检测
	4	最大干密度	设计要求	设计要求	抽样检测
一般项目	1	回填土料	设计要求	设计要求	取样检测
	2	分层厚度及含水量	设计要求	设计要求	用水准仪及抽样检测
	3	表面平整度/mm	20	30	用靠尺或水准仪测量

检测可采用环刀法、贯入仪、静力触探、轻型动力触探或标准贯入试验等,其检测标准应符合设计要求。采用环刀法检验施工质量时,取样点应位于每层厚度2/3处;采用贯入仪或轻型动力触探检验时,每分层检验点的间距不应小于4 m,每层宜按400 m²~900 m²取样一组,并满足设计要求。

c) 回填土最大干密度应满足设计要求,对于巨砾混合土也可采用压实计间接质量控制法、表面沉降量控制法等获得最大干密度。

d) 回填土分层厚度及含水量应满足设计及碾压试验要求,黏性土含水量与最优含水量之差应控制在±2 %以内,宜100 m³~200 m³检查1次。

e) 表面平整度控制在设计允许范围内。

f) 土工合成材料应满足下列需求:
   1) 分层回填筋材应始终保持拉升状态。
   2) 筋材末端要求包裹时返回长度不应小于1.2 m。
   3) 筋材的长度抽检率不应小于2 %。
   4) 筋材的布放位置和高程应符合设计要求。

5) 填料应分层填筑,分层压实度不应小于95％,含水量应控制在最优含水量的±2％范围内。

10.1.2 石笼压脚工程

a) 检查石笼质量是否符合有关规范的规定,隐蔽工程资料、质量保证资料应完整。
b) 检查钢筋安装是否符合设计要求,钢筋安装实测项目应满足表5的规定。

表5 钢筋安装实测项目表

项次	检查项目		规定值或允许偏差/mm	检查方法和频率
1	受力钢筋间距	两排以上排距	±5	用尺量,每构件检查2个断面
2	箍筋、横向水平钢筋间距		±10	用尺量,每构件检查5~10个间距
3	钢筋骨架尺寸	长	±10	用尺量,按骨架30％抽查
		宽、高或直径	±5	

c) 钢筋(钢丝)、石材强度评定,应符合设计及相关规范的要求。
d) 外观质量验收标准参照表6规定。
e) 水下石笼质量验收通过水下测量检验,顶部高程、平整度等参见表6。

表6 石笼压脚验收标准表

检查项目	允许偏差	检查频率	检查方法
顶部高程/mm	0~50	每20延米测不少于2点	用水准仪测
面坡度/％	0.5	每20延米测不少于2点	用坡度尺和皮尺量
压脚厚度/mm	−10~20	每20延米测不少于2点	用钢卷尺量
表面平整度/mm	50	每20延米测不少于2点	用2 m靠尺和钢卷尺量

10.1.3 水下抛石压脚工程

a) 抛石所用块石大小及重量应符合设计及相关规范要求。一般湿抗压强度应大于50 MPa,软化系数应大于0.70,密度不应小于$2.7×10^3$ t/m³;严禁使用风化石、易水解岩石、软岩等不合格的石料;石料数量应满足设计要求。
b) 水下抛石工程结束后,可采用水下噪声测量法对抛投区域及相邻的部分水域进行水下地形测量,并绘制比例为1∶500的水下地形图,将抛前抛后的水下地形图进行对比,确定抛投效果。

定点测量增厚应控制在70％~130％,如增厚小于70％,必须补抛块石,使其厚度满足设计要求;当大于130％时必须进行水下埋坡处理。对小面积高于设计标高时,由潜水员整平;对大面积高于设计标高的部分,由配合装有长臂反铲的驳船,长臂上装有特制平整器,沿岸进行整平,保证抛投的平整度。

10.2 工程验收

工程验收方法、内容等应按照统一的验收规范执行。

11 工程施工监测

11.1 监测对象为滑坡体和施工中的填筑体。

11.2 应在施工前建点完成初测。

11.3 施工期监测资料应及时分析,并指导工程施工,及时调整工程部署、施工进度等。

11.4 监测方法包括地面形变监测、地表裂缝监测等。

11.5 监测点力求形成完整的剖面,采用多种监测手段互相验证和补充。监测网点布设应满足《崩塌、滑坡、泥石流监测规范》(DZ/T 0221—2006)的相关规定。

11.6 宜采用连续、自动、定时的观测方法进行监测,滑坡(崩滑等)的监测频次视其稳定性变化情况进行相应的调整,即滑坡(崩滑等)稳定性较好时监测频次可适当降低,可 8 h~24 h 监测 1 次;当其稳定性较差或变差时监测频次应加密,宜 4 h~8 h 监测 1 次;当其稳定性很差时应 24 h 不间断监测。

12 施工安全与环境保护

12.1 施工安全

12.1.1 回填压脚工程应编制专项安全施工组织设计,并严格按照设计实施。

12.1.2 施工期应针对安全风险进行安全教育及安全技术交底。特种作业人员必须持证上岗,机械操作人员应经过专业技术培训。

12.1.3 施工现场发现危及人身安全和公共安全的隐患时,必须立即停止作业,排除隐患或避开危险期之后方可恢复施工。

12.1.4 施工机械设备进入现场必须保证技术状况良好,安全装置齐全有效,经安全检查合格后方可使用。

12.1.5 作业前应检查施工现场,查明危险源。机械作业不宜在 2 m 半径范围内有地下电缆或燃气管道等位置进行。

12.1.6 配合机械设备作业的人员,应在机械设备的回转半径以外工作,当在回转半径内作业时,必须有专人协调指挥。

12.1.7 夜间工作时,现场必须有足够照明;机械设备照明装置应完好无损。

12.1.8 冬季、雨季施工时,应及时清除场地和道路上的冰雪、积水,并应采取有效的防滑措施。

12.1.9 作业结束后,应将机械设备停到安全地带。操作人员非作业时间不得停留在机械设备内。

12.1.10 在施工中遇到下列情况之一应立即暂停施工:
   a) 回填、开挖区土体不稳定,土体有可能坍滑;
   b) 地面涌水冒浆,机械陷车,或因雨水机械在坡道打滑;
   c) 遇大雨、雷电、浓雾、大风等恶劣天气;
   d) 施工标志及防护设施被损坏;
   e) 工作面安全净空不足;
   f) 其他危及施工安全或有重大潜在安全隐患等情况。

12.1.11 抛石压脚施工时,应保证施工期间航道的安全畅通。

12.2 环境保护

12.2.1 回填压脚施工应采取有效的环境保护措施。

12.2.2 各种机械及设备尾气排放符合国家标准。

12.2.3 运土车装土不宜过满,并用人工拍实,防止遗洒;运输土石方时应采取封闭措施以减少扬尘。对施工临时道路应定期维修和养护。

12.2.4 施工区的空气质量应符合《环境空气质量标准》(GB 3095—2012)的相关规定。

12.2.5 必须对现场存放油料的库房、机械设备停放场进行防渗漏处理,储存和使用油料都应采取隔油措施,以防油料污染土壤、水源。

12.2.6 对施工噪声应进行严格控制,符合《声环境质量标准》GB 3096—2008 的相关规定。

12.2.7 生活污水、废水集中处理达标后方可排放。抛石施工作业要避免对水域造成污染。

12.2.8 修建施工便道应规范削坡弃土、保护林木生态环境。

附 录 A
（资料性附录）
击实试验

A.1 试验目的

通过击实试验测定土的最大干密度和最优含水率,为控制填土密实度及质量评价提供重要依据。

A.2 基本原理

击实仪法是用锤击使土密度增大,目的是在室内利用击实仪,测定土样在一定击实功能作用下达到最大密度时的含水率(最优含水率)和此时的干密度(最大干密度),用以了解土的压实特性。

目前国内常用的击实方法有两种：

a) 轻型击实。适用于粒径小于 5 mm 的细粒土,锤底直径为 51 mm,击锤质量为 2.5 kg,落距为 305 mm,单位体积击实功为 591.6 kJ/m³；分 3 层夯实,每层 25 击。

b) 重型击实。适用于粒径不大于 40 mm 的土。击实筒内径为 152 mm,筒高 116 mm,击锤质量为 4.5 kg,落距为 457 mm,单位体积击实功为 2 682.7 kJ/m³（其他与轻型击实相同）；分 5 层击实,每层 56 击。

A.3 仪器设备

a) 击实仪（图 A.1）：主要由击实筒和击锤组成。

b) 天平：称量为 200 g,感量为 0.01 g；称量为 2 kg,感量为 1 g。

c) 台秤：称量为 10 kg,感量为 5 g。

d) 推土器。

e) 筛：孔径为 5 mm。

f) 其他：喷水设备、碾土设备、修土刀、小量筒、盛土盘、测含水率设备及保温设备等。

A.4 操作步骤

a) 取一定量的代表性风干土样,轻型击实试验为 20 kg,重型击实试验为 50 kg。

b) 将风干土样碾碎后过 5 mm 的筛（轻型击实试验）或过 20 mm 的筛（重型击实试验）,将筛下的土样搅匀,并测定土样的风干含水率。

c) 根据土的塑限预估最优含水率,加水湿润制备不少于 5 个含水率的试样,含水率一次相差为 2 %,且其中有两个含水率大于塑限,两个含水率小于塑限,一个含水率接近塑限。

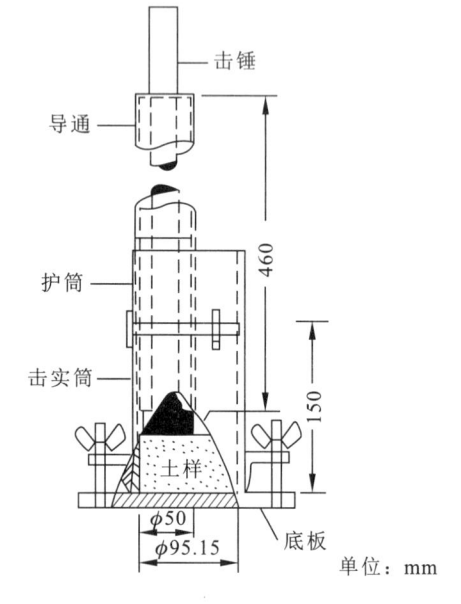

图 A.1 击实仪

按式(A.1)计算制备试样所需的加水量：

$$m_w = \frac{m_0(w - w_0)}{1 + w_0} \quad \cdots\cdots\cdots\cdots\cdots\cdots\cdots\cdots\cdots\cdots (A.1)$$

式中：

m_w——所需的加水量，单位为克(g)；

m_0——风干土样质量，单位为克(g)；

w——要求达到的含水率，按小数计；

w_0——风干土样含水率，按小数计。

d) 将试样2.5 kg(轻型击实试验)或5.0 kg(重型击实试验)平铺于不吸水的平板上，按预定含水率用喷雾器喷洒所需的加水量，充分搅和并分别装入塑料袋中静置24 h。

e) 将击实筒固定在底板上，装好护筒，并在击实筒内壁涂一薄层润滑油，将搅和的试样2 kg～5 kg分层装入击实筒内。两层接触土面应刨毛，击实完成后，超出击实筒顶的试样高度应小于6 mm。

f) 取下导筒，用刀修平超出击实筒顶部和底部的试样，擦净击实筒外壁，称击实筒与试样的总质量，准确至1 g，并计算试样的湿密度。

g) 用推土器将试样从击实筒中推出，从试样中心处取；取两份土料(轻型击实试验取15 g～30 g，重型击实试验取50 g～100 g)测定土的含水率，两份土样的含水率的差值应不大于1 %。

A.5 成果整理

a) 按式(A.2)计算干密度：

$$\rho_d = \frac{\rho}{1 + w} \quad \cdots\cdots\cdots\cdots\cdots\cdots\cdots\cdots\cdots\cdots (A.2)$$

式中：

ρ_d——干密度，单位为克每立方米(g/cm³)，准确至0.01 g/cm³；

ρ——密度，单位为克每立方米(g/cm³)；

w——含水率，按小数计。

b) 按式(A.3)计算饱和度：

$$S_r = \frac{W'G_s}{e} \quad \cdots\cdots\cdots\cdots\cdots\cdots\cdots\cdots\cdots\cdots (A.3)$$

式中：

S_r——饱和含度(%)；

W'——饱和含水率(%)；

G_s——土粒相对密度；

e——土的孔隙比。

c) 以干密度为纵坐标，含水率为横坐标，绘制干密度与含水率的关系曲线，干密度与含水率的关系曲线上的峰点的坐标分别为土的最大干密度ρ_{dmax}与最优含水率w_{op}，如连不成完整的曲线时，应进行补点试验(图A.2)。

d) 轻型击实试验中，当试样中粒径大于5 mm的土质量小于或等于试样总质量的30%时，应对最大干密度和最优含水率进行校正。

(1) 按式(A.4)计算校正后的最大干密度：

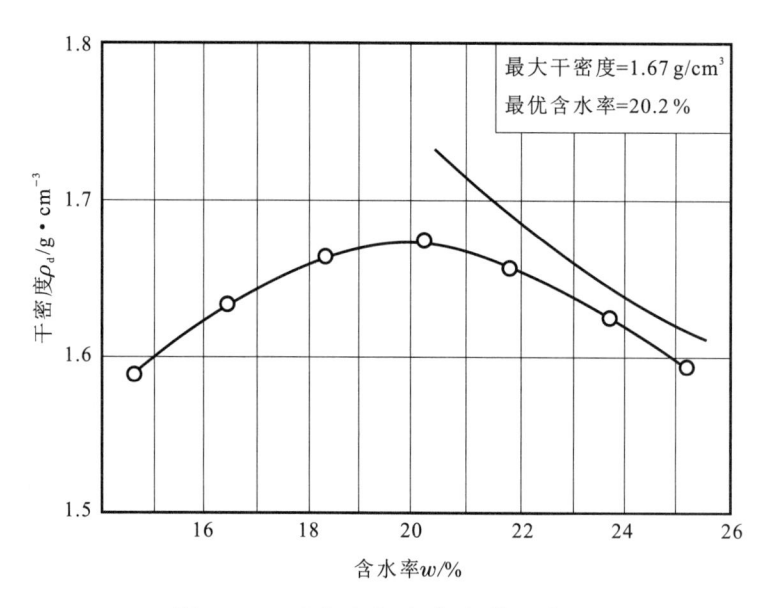

图 A.2 干密度与含水率关系曲线

$$\rho'_{dmax} = \cfrac{1}{\cfrac{1-P_5}{\rho_{dmax}} + \cfrac{P_5}{\rho_w G_{s2}}} \quad \cdots\cdots\cdots\cdots\cdots\cdots\cdots\cdots \text{(A.4)}$$

式中：

ρ'_{dmax}——校正后试样的最大干密度，单位为克每立方米（g/cm³）；

P_5——粒径大于 5 mm 土粒的质量百分数（%）；

ρ_{dmax}——试样的最大干密度，单位为克每立方米（g/cm³）；

ρ_w——水的密度，单位为克每立方米（g/m³）；

G_{s2}——粒径大于 5mm 土粒的饱和面干相对密度。

（2） 按式(A.5)计算校正后的最优含水率：

$$w'_{op} = w_{op}(1-P_5) + P_5 w_{ab} \quad \cdots\cdots\cdots\cdots\cdots\cdots\cdots\cdots \text{(A.5)}$$

式中：

w'_{op}——校正后试样的最优含水率（%）；

w_{op}——击实试样的最优含水率（%）；

w_{ab}——粒径大于 5 mm 土粒的吸着含水率（%）。

e） 填写试验报告。

A.6 注意事项

a） 试验用土：一般采用风干土做试验，也有采用烘干土做试验的。

b） 加水及湿润：加水方法有两种，即体积控制法和称重控制法，其中以称重控制法效果为好。洒水时应均匀，浸润时间应符合有关规定。

附　录　B
（资料性附录）
碾压试验

B.1 碾压试验的目的

a) 核查土料与砂砾（卵）料压实后是否能够达到设计压实干密度值。
b) 检查压实机具的性能是否满足施工要求。
c) 选定合理的施工压实参数（铺土厚度、土块限制直径、含水率的适宜范围、压实遍数）和压实方法。
d) 确定有关质量控制的技术要求和检测方法。

B.2 碾压试验的基本要求

a) 试验应在开工前完成。
b) 试验所用的土料与砂砾（卵）料应具有代表性，并符合设计要求。
c) 试验时采用的机具应与施工时使用机具的类型、型号相同。

B.3 碾压试验场地布置的要求

a) 碾压试验允许在压脚设计范围内进行，试验前应将堤基平整清理，并将表层压实至不低于填土设计要求的密实程度。
b) 碾压试验的场地面积应不小于 20 m×30 m。
c) 将试验场地以长边为轴线方向，划分为 4 个 10 m×15 m 的试验小块。

B.4 碾压试验方法及质量检测项目

a) 在场地中线一侧的相连两个试验小块，铺设土质、天然含水量、厚度均相同的土料；中线另侧的两个试验小块，土质和土厚均相同，含水量较天然含水量分别增加或减少某一幅度。
b) 铺填厚度和土块限制直径按表 B.1 选取。

表 B.1　铺填厚度和土块直径限制尺寸表

压实功能类型	压实机具种类	铺填厚度/cm	土块限制直径/cm
轻型	人工夯、机械夯	15～20	≤5
	5 t～10 t 平碾	20～25	≤8
	履带式推土机	25～30	≤10
中型	12 t～15 t 平碾 斗容 2.5 m³ 铲运机 5 t～8 t 振动碾，加载气胎碾	25～30	≤10
重型	斗容大于 7 m³ 铲运机 10 t～16 t 振动碾	30～50	≤15
注：履带式推土机作为压实机具，仅适合砂砾（卵）料。			

c) 每个试验小块按预定的计划、规定的操作要求,碾压至一定遍数后,相应在填筑面上取样做密度试验。

d) 每个试验小块每次的取样数应达12个,采用环刀法取样,测定干密度值。

e) 应测定压实后土层厚度,并观察压实土层底部有无虚土层、上下层面结合是否良好、有无光面及剪力破坏现象等,并作记录。

f) 压实机具种类不同,碾压试验应至少各做一次。

g) 若需对某参数做多种调控试验时,应适当增加试验次数。

h) 碾压试验的抽样合格率,宜比表B.2规定的合格率提高3%。

表 B.2 碾压单元工程压实质量控制标准

填土类型	填筑材料	压实度合格率/%	
		表层0~80 cm	距表层80 cm以下
均质	黏性土	≥85	≥80
	少黏性土或非黏性土	≥90	≥85
非均质	黏性土	≥90	≥85
	少黏性土或非黏性土	≥85	≥80

B.5 资料整理

试验完成后,应及时将试验资料进行整理分析,绘制压实度与压实遍数的关系曲线等。

B.6 碾压参数

根据碾压试验结果,提出正式施工时的碾压参数。若试验时质量达不到设计要求,应分析原因,提出解决措施。

B.7 黏性土压实度与压实干密度

黏性土压实度与压实干密度存在着函数关系,可根据式(B.1)进行换算:

$$P_{ds} = \frac{\rho_{ds}}{\rho_{dmax}} \quad \quad \quad (B.1)$$

式中:

P_{ds}——压实度;

ρ_{ds}——压实干密度,单位为克每立方米(g/cm³);

ρ_{dmax}——击实试验最大干密度,单位为克每立方米(g/cm³)。

附　录　C
（资料性附录）
抛投试验

C.1 试验目的

通过抛投试验测出不同断面、不同距点抛石冲距，由抛石时的水位、流速情况，确定抛投船的停泊地点，保证抛投的施工质量。

C.2 抛投试验

C.2.1 抛投试验前的准备

抛石前测量抛投区的水深、流速、水下地形情况，以确定抛投区的抛石量、抛石冲距等。利用水文测量船测定该抛投区水流流速，推算抛石船的抛石位置。在施工前选定位置作为试抛段以确定抛投点水深、流速与块石大小之间的关系，并根据现场变化情况，决定抛投试验的位置和次数，保证块石的抛投位置符合设计要求。

C.2.2 抛石冲距估算

可根据水力学经验公式（C.1）进行估算：

$$L = K \frac{vH}{G^{1/6}} \quad\quad\quad\quad\quad (C.1)$$

可根据垂线平均流速（v_1）、水流表面流速（v_0）按式（C.2）和式（C.3）估算：

$$L = 0.92 \frac{v_1 H}{G^{1/6}} \quad\quad\quad\quad\quad (C.2)$$

$$L = 0.74 \frac{v_0 H}{G^{1/6}} \quad\quad\quad\quad\quad (C.3)$$

式中：

L——抛石冲距，单位为米（m）；
K——系数；
v——流速，单位为米每秒（m/s）；
v_1——垂线平均流速，单位为米每秒（m/s）；
v_0——水流表面流速，单位为米每秒（m/s）；
H——水深，单位为米（m）；
G——块石质量，单位为千克（kg）。

为简化流速量测，可采用式（C.3）进行估算，块石抛投冲距估算可参考表C.1～表C.3。

表 C.1 块石质量 $G=30$ kg 时冲距表

v_0/H	16	14	12	10	8	6	4
0.8	5.37	4.70	4.03	3.36	2.69	2.02	1.34
1.0	6.72	5.88	5.03	4.20	3.36	2.52	1.68
1.2	8.06	7.05	6.05	5.04	4.03	3.02	2.02
1.4	9.40	8.23	7.05	5.88	4.70	3.55	2.35

表 C.2 块石质量 $G=50$ kg 时冲距表

v_0/H	16	14	12	10	8	6	4
0.8	4.93	4.32	3.70	3.08	2.48	1.85	1.23
1.0	6.17	5.40	4.63	3.86	3.08	2.31	1.54
1.2	7.40	6.48	5.55	4.63	3.70	2.78	1.85
1.4	8.64	7.55	6.48	5.40	4.32	3.24	2.16

表 C.3 块石质量 $G=70$ kg 时冲距表

v_0/H	16	14	12	10	8	6	4
0.8	4.67	4.08	3.50	2.92	2.35	1.75	1.17
1.0	5.85	5.10	4.37	3.65	2.92	2.19	1.46
1.2	7.00	6.12	5.24	4.37	3.50	2.62	1.75
1.4	8.17	7.14	6.12	5.10	4.08	3.06	2.00

C.3 块石抛投试验

首先做好抛投前的准备工作,包括水下断面测量、施工机械及施工人员落实、指挥系统完善等,再根据估算的抛投位置组织抛投,测量人员记录好每条船的抛投位置和抛投量,其抛投总量应控制在允许层高范围内,抛投完后用超声波测深仪测出抛石体的实际位置及分布情况,潜水员水下核实。将实际情况与估算情况进行对比,找出偏差原因,对抛投参数进行修正后即可进入施工抛投工作,同时在抛投过程中及时测量抛石的具体位置,以得到更准确的抛投参数。